吴殿更　著

湖南教育出版社
·长沙·

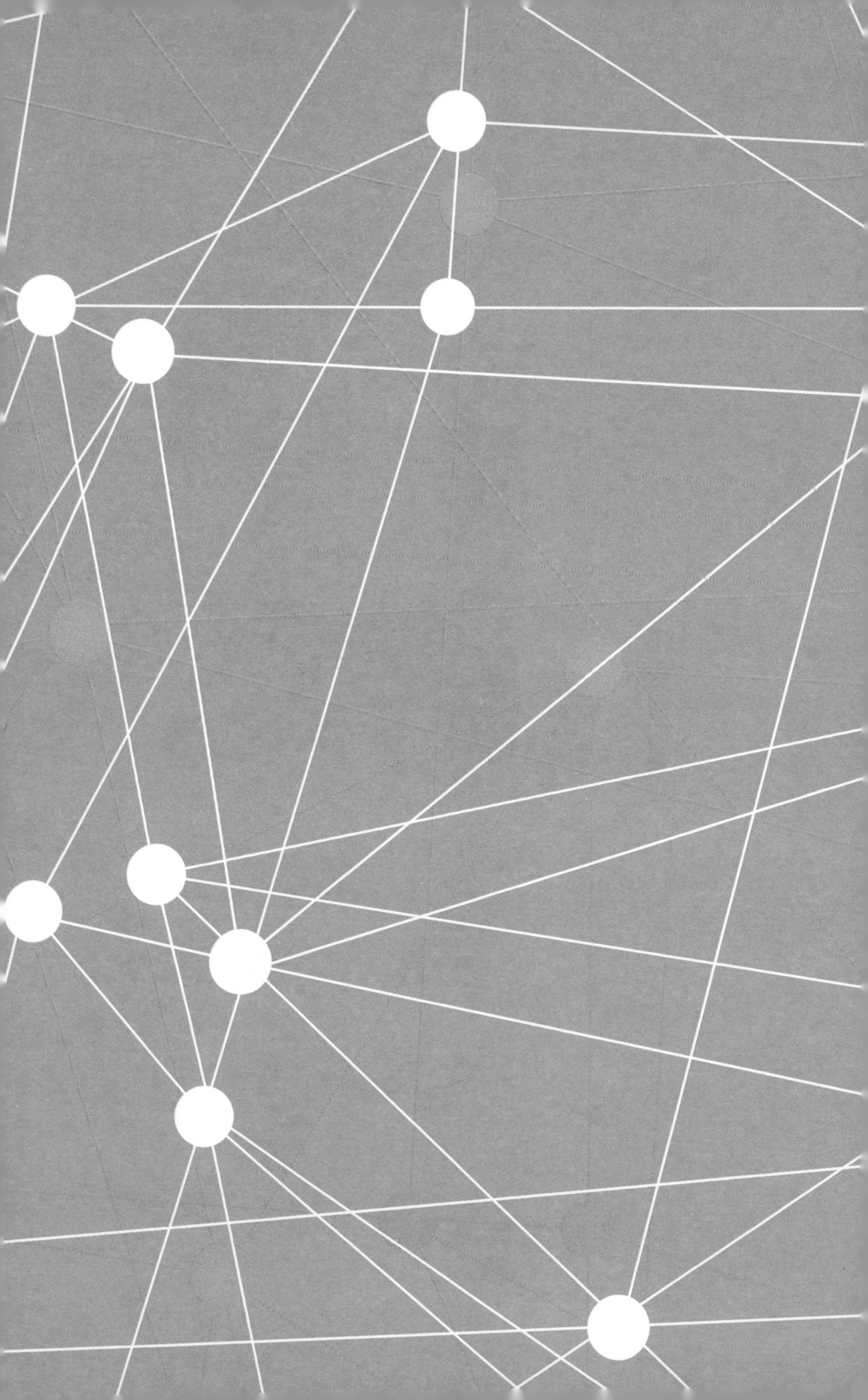

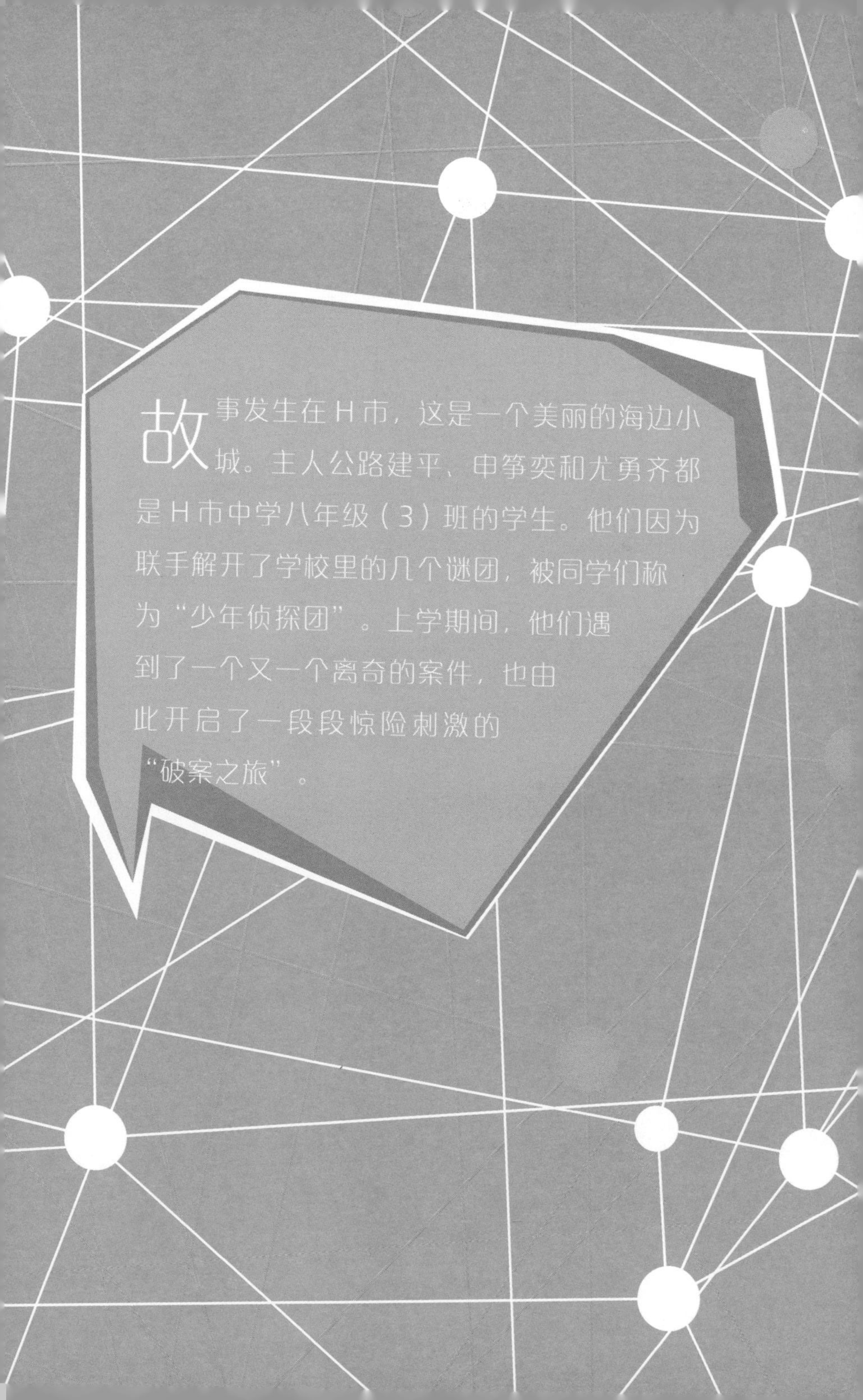

故事发生在H市，这是一个美丽的海边小城。主人公路建平、申筝奕和尤勇齐都是H市中学八年级（3）班的学生。他们因为联手解开了学校里的几个谜团，被同学们称为“少年侦探团”。上学期间，他们遇到了一个又一个离奇的案件，也由此开启了一段段惊险刺激的“破案之旅”。

人物档案

路建平

少年侦探团成员。受父亲的影响喜欢研究化学，擅长透过表面现象分析事物本质。

申筝奕

少年侦探团成员。希望长大后当警察。古灵精怪的小脑袋里总有一些奇思妙想。

尤勇齐

少年侦探团成员。别看他头脑好像不灵光，却经常可以在关键时刻误打误撞得到一些意外收获。

目录
CONTENTS

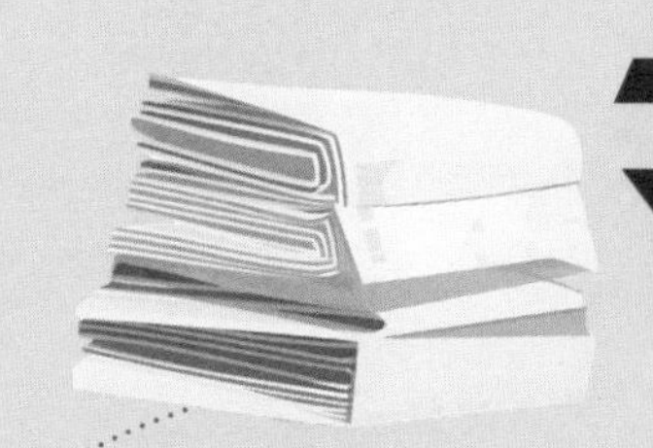

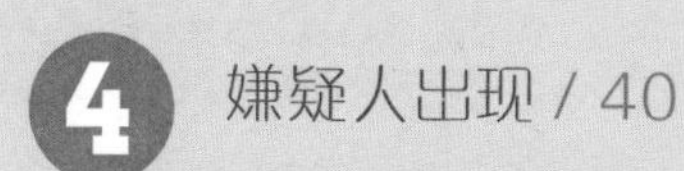

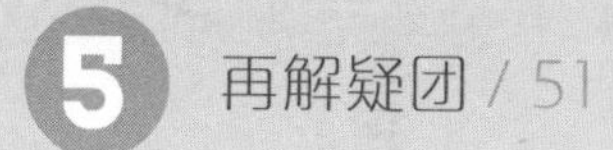

化学侦探王
追踪盗窃者

考试之后 1

随着下课铃声响起，八年级第二学期期末最后一场考试结束了。在老师的催促下，尤勇齐依依不舍地和他的试卷告了别，与路建平、申筝奕一同走出了校园。

“啊！终于考完啦！解放啦！”尤勇齐把书包**甩在**左肩膀上，右手**勾着**路建平的肩头，兴奋地说，“化学家，在这美好的时刻，咱们是不是应该找个地方好好地庆祝一下？”

“我觉得可以，为了这次考试，我没日没夜地学习。今天总算是**熬出头**来了！”申筝奕说。

“我也是啊！”尤勇齐说，“为了向你俩看齐，我可是拼了。我让我妈给我淘回来一大堆卷子，每天不做完一套都不睡觉。我妈头一次在学习上心疼我，一个劲儿劝我早点睡，别把身体累坏了。这一个月下来，我都已经累得‘骨瘦如柴’了。”想起这一个月的生活，尤勇齐止不住地哀号。

“得了吧，我怎么看着你好像又胖了？”申筝奕故意逗他。

“啊？不是吧，难道我每天晚上偷喝一杯奶茶的功效这么明显？”

“招了吧，卖惨无效，就知道你舍不得让自己瘦下去。”申筝奕哈哈大笑。

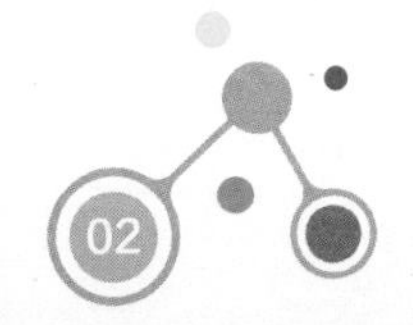

“啊？那我胖没胖啊？我可一直在锻炼身体呢。”尤勇齐挠了挠头问申筝奕。

“我可不知道。”她朝路建平挤了挤眼说，“还是让化学家告诉你吧，反正他说什么话你都信。”

路建平没有答话，反问道：“你们不是说要去庆祝吗？想好去哪儿了吗？”

“我知道在咱们学校旁边，原来开小超市的那个地方，新开了一家烧烤店。咱们去那儿尝尝吧！”尤勇齐提议道。

“太好啦，一直想吃烤串呢！我马上跟我妈打电话‘备案’。”申筝奕听到要去撸串，已经有些迫不及待了。

“你这么一说，我也得告诉我妈一声儿，要不然回去晚了又得挨骂。”尤勇齐想着妈妈顾泉佳那张生气的脸，不禁吓得一激灵。

“路建平，你不用报备吗？”申筝奕问道。

“如果不报备，哪有‘银子’跟大家去撸串呀。”

路建平戏谑道。

在一片欢声笑语中，三人来到了尤勇齐说的那家新开的烧烤店。这时不过下午四点钟左右，店里还没有什么人。三人进门之后，**直奔**一个靠窗的位置。

“20 串羊肉串，20 串板筋，10 个鸡翅，一盘麻辣小龙虾。”尤勇齐没等他们两人张嘴，就把菜点完了。

“请问还需要别的吗？还有什么想喝的吗？”服务员问。

“我想再要一份蔬菜沙拉，**荤素搭配**一下。”申筝奕说。

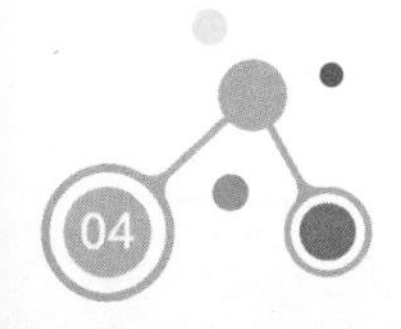

“三瓶可乐，再来一份烤五花肉！”尤勇齐模仿着大人的样子继续说。

“你还要喝可乐？”路建平说，“你不知道可乐的危害有多大吗？这种碳酸饮料最好不喝。它不但会让你变得肥胖，还会让你骨质疏松、血糖升高，并且影响你的神经系统。”路建平说道。

“总听说带气的都是碳酸饮料，到底什么是碳酸饮料呀？”尤勇齐问。

“碳酸饮料就是充入了一定量二氧化碳的饮料，碳酸是二氧化碳和水反应后生成的。”申筝奕抢着说。

“哦！明白了，既然喝可乐不好，那就来三杯白开水吧，省钱！”尤勇齐大大咧咧地说。

一会儿工夫，烤串陆续上来了。三个人边吃边聊，十分惬意。

吃饱喝足后，三个人结完账，便各自回家去了。

第二天是周六。按照惯例，三人相约一起到少

年宫去上课。尤勇齐和路建平学围棋，申筝奕则是去练习舞蹈。同往常一样，他们提前半小时来到了少年宫。刚进门就看到楼门口摆着一张咨询桌，桌旁一位老师正在向围着的学生和家长讲解着什么。

“这是干吗呢？咱们看看去！”尤勇齐看向路建平和申筝奕。

“行，反正时间还早。”申筝奕说着往咨询桌走去。

“走啊，化学家。”尤勇齐回身拉着走在后面的路建平凑了过去。

“同学们好，有没有兴趣参加少年宫和电视台共同举办的‘科学探索’夏令营？”老师见他们三人过来笑着问道。

“去夏令营？我还不如在家里睡觉呢。”尤勇齐说完转身就要走。

“今年夏令营和往年的可不一样哦。这个‘科学探索’夏令营主要是选拔一些对科学感兴趣、喜

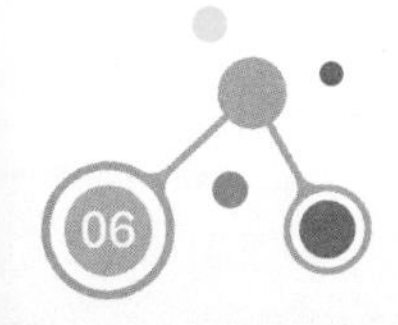

欢推理、逻辑思维和观察能力都很强的学生，去参加明年的全国科学探索大赛。”老师说着便把桌上的宣传海报发给了他们。三人接过海报后老师接着说：“你们看，这里写着‘在结营考核中获得第一名的小组就有机会代表H市参加全国比赛’。第一名还能免除本次夏令营的营费，以及获得多家知名品牌的免费消费券呢。”

“哦？参加全国的大赛呀！有意思！我觉得可以考虑。”申筝奕有些兴奋地说道。

“我看看，都有哪些商家的免费消费券？好有鱼、美味烧烤、九宫格火锅……”尤勇齐也有点儿激动地对路建平说，“你看！全都是好吃的！我一定要参加这个夏令营！”

“那咱们回家去和爸爸妈妈商量一下吧。如果真是海报中写的这样，我觉得确实可以报名参加。”

眼看上课时间马上要到了，三人匆匆忙忙地向咨询老师说了声再见，就跑进去上课了。

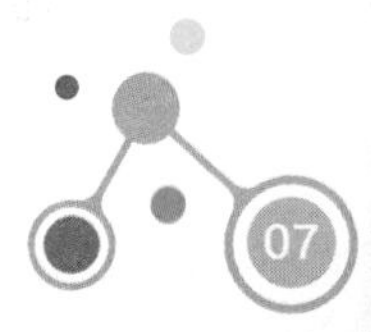

下课后，三人又聚在一起商量着去参加夏令营的事。

“我觉得吧，这个夏令营哪里都好，就是有一点我不太满意。”尤勇齐说。

“哦？你哪里不满意？”申筝奕问他。

“开营日期。”

“开营日期怎么了？”

“热啊！每年的七月份都是 H 市最热的时候，要是有八月份的夏令营就好了。”尤勇齐有点遗憾地说。

“要真是八月份，恐怕路建平就去不了了。他不是每年七月末都要回乡下给他姥姥过生日吗？你忘了吧？”申筝奕说。

“哎哟还真是！我怎么把这茬忘了。”尤勇齐嘿嘿地笑了两声接着说，“我其实还有点儿担心我爸妈不让我参加。”

“你跟你父母把这个夏令营的内容说清楚。我

觉得他们应该很支持你参加的。”路建平说。

开完小会，他们各自回了家。一到家，尤勇齐就对坐在沙发上的顾泉佳说：“妈，您看看这海报。我想去参加这个‘科学探索’夏令营，申筝奕和路建平他们也要去呢。”

“科学探索？拿来我看看。你们三个人谁也离不开谁的样子，简直就是‘**砣不离秤，秤不离砣**’呀。”顾泉佳说。

“那肯定啊！”尤勇齐拿着海报坐到了妈妈身边，“您看，这里写着，要是能得到第一名，就能参加全国比赛，还能**免除**夏令营的费用。”

“我看你呀，更想要的是商家的免费消费券吧。”顾泉佳白了儿子尤勇齐一眼，“不过，你怎么确定你就能得第一？”

“这不是小组比赛嘛！我、路建平和申筝奕一个小组，肯定能得第一。”尤勇齐**拍着胸脯**嘿嘿地笑着说。

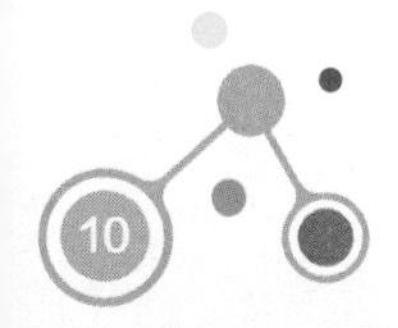

“行，我和你爸商量一下。”其实尤妈妈对儿子想去学习型夏令营这件事，心里已经同意了。

围棋

围棋，起源于中国，中国古代称为“弈”。它可以说是棋类的鼻祖，至今已有四千多年的历史。据古代典籍记载：“尧造围棋，丹朱善之。”围棋是一种策略型的二人棋类游戏，属于琴、棋、书、画四艺之一，现已成为中华文化的体现。

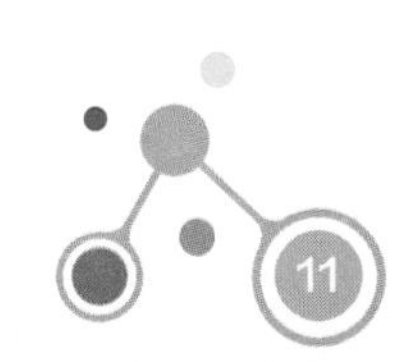

2 开启夏令营

三人终于等来了夏令营开营的日子。这次夏令营的营地设在了 H 市城北，一个叫鸣沙岛的地方。鸣沙岛并不是真正意义上的小岛，而是三面临海的半岛。鸣沙岛风景十分秀丽，其上有柔软的沙滩、海拔不足 500 米的小山以及茂密的树林。岛上栖息着各种海鸟。每当夕阳西下，出海归来的渔船上空总会有大量的海鸟盘旋着。它们用清脆的鸣叫声应和着渔人婉转的渔歌。

“勇哥醒醒，到营地了。”路建平叫着尤勇齐。

“嗯？”尤勇齐睁开惺忪的睡眼朝车窗外望了

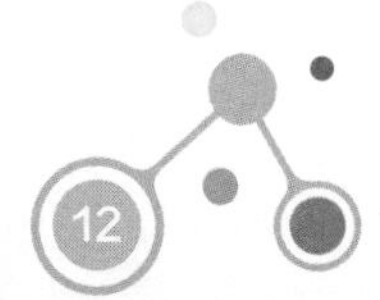

望，“真到了，我这儿还做梦啃羊腿呢！”尤勇齐想起梦中的羊腿，忍不住吧唧了一下嘴。

“就知道吃，快点拿上你的包下车。”申筝奕起身催促他。

“好嘞！夏令营，我来啦！”尤勇齐张开双手夸张地喊着。

路建平和申筝奕不约而同地转过头，都假装不认识他。

三人拿着行李跟随大部队走进营地。一进大门，迎面便是一座花坛。此时花开正艳、姹紫嫣红，一只只蝴蝶在花丛之中翩翩飞舞。花坛后是一条小路，道路两旁种植着繁茂的法国梧桐树，林荫尽头是一座树木掩映下的白色小楼。

“你看，这里有这么多蝴蝶，好美呀！”申筝奕兴奋得像个七八岁的小女孩。

“哈哈，瞧你那副没见过世面的样子。”尤勇齐终于逮到了一个可以揶揄申筝奕的机会。

“你说什么！”申筝奕向尤勇齐**瞪起了眼睛**。

“正义姐，饶了我吧，下回不敢了！”整个院子回荡着孩子们的欢声笑语。

时已近午，尤勇齐早就热得**汗流浃背**了。

“化学家，你还有吃的东西吗？我现在又渴又饿。”尤勇齐擦了擦头上的汗问。

“有水，但是没什么吃的了。”路建平说。

“有水也行。”

“给。”路建平从包里取出一瓶矿泉水递给了尤勇齐。

“勇哥，你这次怎么没带饮料呀？”申筝奕问。

“别提了。”尤勇齐喝了一口水说，“自从你们说喝碳酸饮料对身体不好后，我就戒了。本来我准备了很多矿泉水，结果早上一忙，全忘了带。没办法，只能找你们要了，唉！”

“哈哈……没看出来呀。勇哥从现在开始，要**健康生活**了。”申筝奕说。

“对对对！我要健康，不要肥胖！我要把这身肥肉都**甩掉**！”尤勇齐边说边假装将腰上的肉甩给申筝奕和路建平两人。

笑闹间，三人走到小白楼跟前。原来这座楼叫“思明楼”。楼门口的一条横幅上写着“科学就是探索、发现、创新”。过了小白楼，向右转又走了一两百米后，就到了这次夏令营的宿舍。男生在三楼，女生在二楼，一楼是开水间和男、女洗浴室。路建平和尤勇齐先帮申筝奕把行李拿到了她的宿舍，又拿着自己的行李上了三楼。两人被分在 301 宿舍。宿舍是四人间，他们进去后，宿舍中已经有一位同学在**整理床铺**了。

“同学你好，我叫尤勇齐。”尤勇齐挥着手率先打招呼。

“你好，我叫路建平。”路建平也朝对方微微点头。

“你们好，我是方初。”方初是一位个子不高、白白净净、长相斯文的男生。

方初刚介绍完自己，一位戴着鸭舌帽、身材瘦小的男生又走了进来。他见宿舍里站了三个人，就向大家说：“你们好！我叫侯同，很高兴能认识三位同学。我姓侯又属猴，你们可以叫我猴子。”说着，他还做了一个孙悟空的经典动作。这个活泼的少年把众人逗得哈哈大笑，301 宿舍充满了少年们朝气

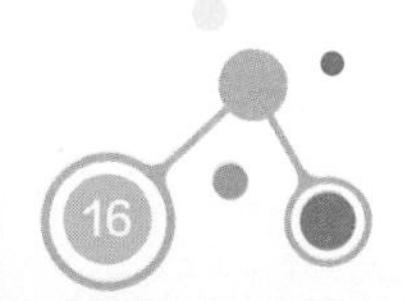

蓬勃的笑声。

下午两点，所有营员集中在礼堂进行了开营式。营长对夏令营做了简单的介绍。这一期夏令营的营员一共有 80 人，分 4 个班。路建平、申筝奕、尤勇齐、方初、侯同，以及申筝奕的室友王畅等都在四班。四班的带班老师名叫李响，据说是某名牌大学化学专业的高才生。

“同学们，大家下午好！今天，大家聚在这里参加‘科学探索’夏令营的开营式。我相信你们一定都是热爱科学、勇于探索的少年。我也相信在这一期的夏令营结业赛中，一定会有一个小组脱颖而出，代表我们 H 市，冲击明年举行的全国科学探索大赛的冠军！”营长话音刚落，底下就响起了热烈的掌声。

“我相信我们一定能获得第一名！”尤勇齐拉起坐在他左边的申筝奕和右边的路建平大声喊道。所有的同学都朝他们看过去，申筝奕和路建平感觉

十分尴尬，恨不得不认识尤勇齐。

“让我们为这三位同学热烈鼓掌！鼓励他们勇于挑战、敢于争先的精神！”礼堂再次爆发出热烈的掌声。

“同学们，让我们也为自己加加油，鼓鼓劲！未来七天，希望你们能遇见更好的自己！”

营长的讲话和尤勇齐的“大无畏”行为鼓舞了营员们。一张张年轻的面庞上，全都流露出对探索科学奇妙世界的憧憬。大家个个摩拳擦掌、蓄势待发。

很快，夏令营就正式开始了。因为头天晚上下了一夜的雨，第二天早晨的温度很舒适。李响老师带着同学们来到了思明楼右侧的训练场地进行科学探索实验。

只见地上已经摆了四个盆子，盆子中分别浸泡着一根草绳。正当大家不知道要干什么的时候，李响老师说话了。

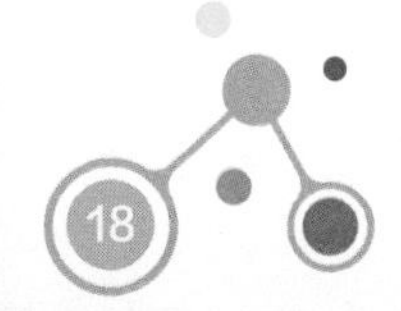

“同学们，今天我们要来玩一个有趣的游戏，游戏的名字叫做‘招蜂引蝶’。”

“哈哈……这名字真有意思。”

“一听就很好玩儿！”同学们听后，议论纷纷。

李老师用手示意大家安静。他接着说：“我将草绳分别浸泡在了四种不同的液体中，它们分别是清水、糖水、盐水和腐烂的苹果汁。大家根据之前学习过的科学知识思考一下，哪种溶液浸泡的草绳会引来最多的蝴蝶。我给大家三分钟的时间**思考**，考虑好了就在你认为正确的盆子前排队站好。但有一个规则大家一定要**遵守**，就是一旦选定了，就不能再更改。现在计时开始。”

“化学家，这可是你最擅长的，快说说，咱们

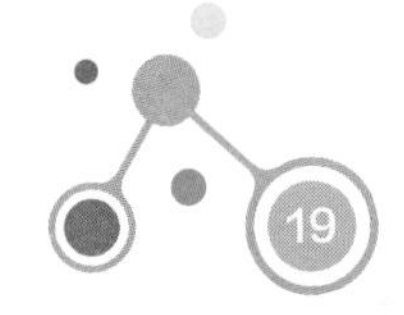

站哪儿？”尤勇齐问。没等路建平回答，他又抢着说：“哦，我知道，用排除法！肯定先排除烂苹果汁。”

“那么，下一个要排除的就是清水。”申筝奕确定地说。

“再下一个呢？”尤勇齐问申筝奕。

“盐水。所以，我们应该选择糖水。路建平，你说是不是？”

两人把目光齐齐聚焦在路建平身上。路建平说：“我觉得应该选择烂苹果汁。”

“为什么？糖水是甜的，不是更能**吸引**蝴蝶吗？”尤勇齐有些疑惑地问道。

“现在没时间解释，先去站队。”路建平说。两人回头一看，果然同学们都已经站好了。糖水盆前站了最长的一队，站盐水盆的有六位同学，站烂苹果汁盆的只有方初和申筝奕的室友王畅。清水盆前面根本没人站。出于对路建平的**信任**，两人跟着他站到了烂苹果汁队。刚走到王畅身后站好，时间就到了。

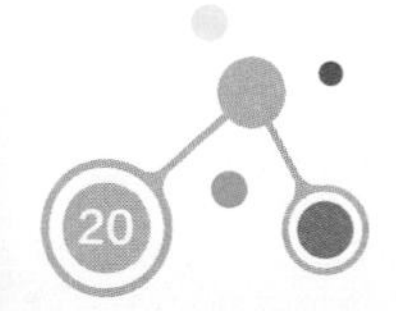

“同学们都已经站好队了，现在开始进行实验。”说完，李老师将绳子一一取出，挂在事先准备好的晾衣架上。

“让我们**拭目以待**，看看蝴蝶到底喜欢什么味道的草绳。”李响说完就带着大家分散开来。

“我说侯同，你刚才在哪个队里呀？”尤勇齐小声问。

“我？这还用问吗？花蜜是甜的，我肯定在糖水队伍里呀。”侯同压低声音说。

“也是啊！”尤勇齐现在有点儿后悔站在烂苹果汁的队里了。他用胳膊碰了碰旁边的路建平说：“化学家，这次咱们可能要栽呀！蝴蝶肯定喜欢吃甜的，怎么可能喜欢烂苹果味儿？！”

路建平**一脸平静**地说：“肯定会赢的，你放心好了。”

几人说着话，就听到同学们压着声音喊道：“哇，蝴蝶！飞来了好多漂亮的蝴蝶。”只见一只只蝴蝶

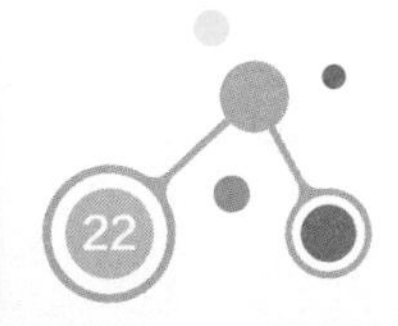

穿过草坪来到他们做实验的空地上翩翩起舞。它们先绕着四根草绳**飞来飞去**，发现没有危险后慢慢地停在草绳上。

“落在糖绳子上了！”

“盐水绳上竟然也有蝴蝶！”

“哎，还有停在烂苹果汁绳子上的。”

渐渐地，大部分蝴蝶都停在了草绳上。只是停驻的结果让大家不敢相信：烂苹果汁泡的草绳上**停留**的蝴蝶竟然是最多的！

李老师招了招手，示意散在四处的同学们**聚到**自己身旁，说道：“我想请刚才站在烂苹果汁队的五位同学出来说一说你站队的原因。”方初、王畅、

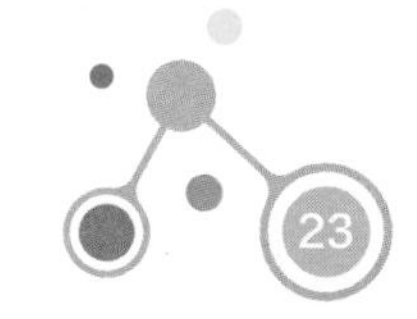

路建平、尤勇齐和申筝奕五人站在老师身边。

“你们谁先说呢？”李老师看着他们。

“我是乱猜的，我认为**最不可能的就是最可能的**。”王畅坦然说道。

“我是因为曾经看过一篇文章，说酒的气味能吸引蝴蝶。我刚才选择队伍的时候，闻到烂苹果汁竟然有股酒的味道，所以我就选了它。”方初说。

“我们是跟着他一起站的。”尤勇齐和申筝奕同时指着路建平说。

“那这位同学——路建平是吧？”老师看到了他胸前的名牌，“你能不能告诉大家你为什么站在烂苹果汁队呢？”老师微笑着对路建平说。

“我看过一条视频，其中提到科学家们通过实验发现，蝴蝶对酒的气味比较敏感。”路建平顿了顿说，“腐烂的苹果中储存的糖类**分解**变成了酒精和二氧化碳，正是因为这些酒精，苹果才有了酒的味道。”

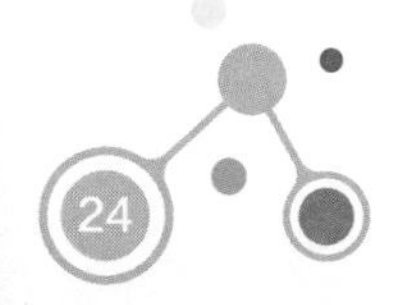

“所以烂苹果汁就成了最为吸引蝴蝶的酒。”尤勇齐最后总结了一下，说完还得意扬扬地晃了一下身体。

李老师点点头接着说：“刚才路建平同学对烂苹果汁为什么能吸引蝴蝶解释得非常正确。所以说，化学并不枯燥，它其实是一门非常有意思的学科。”

“还真是！今天的学习确实让我**大开眼界**，原来化学还可以这样学！”

“是啊，我忽然不再恐惧化学课了！”

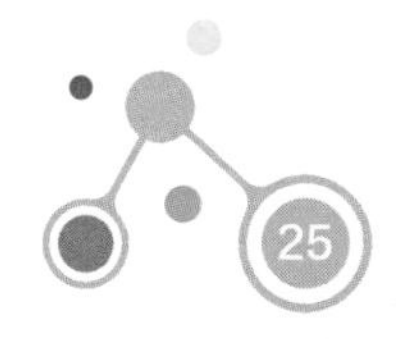

世界上最美的蝴蝶

蝴蝶是一种美丽的昆虫。你知道世界上最漂亮的蝴蝶都有哪些吗？目前，世界上知名的美丽蝴蝶有光明女神闪蝶、88多涡蛱蝶、红带袖蝶、豹纹蛱蝶、猫头鹰蝶、枯叶蛱蝶、玫瑰水晶眼蝶、透翅凤蝶、梦幻闪蝶、蓝闪蝶。其中光明女神闪蝶被称为世界上最漂亮的蝴蝶，它的整个翅面颜色及花纹非常艳丽，在阳光的照射下闪闪发光。

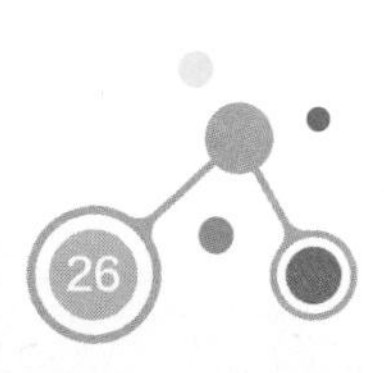

3 盗窃者是谁

夏令营的时光过得既快乐又充实。营员们都觉得参加这个夏令营特别好玩儿。

“夏令营才七天，时间实在是太短了。”这是开营五天来最常听到的一句话。同学们在李响老师的带领下，亲手操作了许多有意思的化学实验，比如“黑面包”实验、镁条“烟花”实验等。这些化学知识为学员们打开了化学世界的大门，使他们领略到了化学世界的奇妙。除了化学，他们还观摩了很多其他的实验：物理老师请大家观看了变形的水流，生物老师同大家一起提取了叶子中的淀粉。

同学们都觉得，这个夏令营不仅有趣，还为大家提供了获得知识的机会，实在是让人受益匪浅。

第五天结束前，李响老师向大家说：“明天就是入营的第六天了。我们将对所有营员进行一次考核，角逐出全国比赛的参赛资格，所以对大家来说这次考核至关重要。”

“啊？明天就考试了？”

“太快了吧！我还有好些地方没搞懂。”

李老师的话音刚落，教室里顿时就炸开了锅。

“同学们，大家安静，先听我说。”等同学们都安静了李老师接着说，“这次考核并非完全考查我们所学过的科学知识，还会考大家的应变、逻辑、观察等各方面的能力。所以，我们会以小组为单位进行考核。希望大家能在小团队中发挥出自己的优势，最终获得胜利。”

接着，他取出一张纸说：“下面，我宣布几条重要的考核规则，请同学们认真听。”同学们赶紧

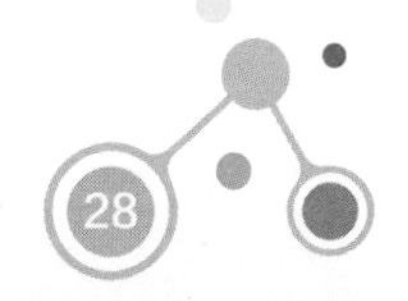

拿出纸笔准备记录。

“第一，大家可以自由结组，每个小组 3 人。

“第二，因为这次夏令营人数较多，我们会分批进行。一、二班是第一批，考核时间为上午 8：00—11：00；三、四班是第二批，考核时间为下午 2：00—5：00。

“第三，这次考核同以往的考试不同，我们会以‘破案’的形式进行，具体的考核内容由大家**抽签**来定。

“第四，在考试时间内，所有人都有可能是‘嫌疑人’。所以，当别的同学来询问你的时候，必须要如实回答问题。

“第五，在与非小组成员的谈话中，不能互相透露题目，否则就算违规。

“第六，大家必须遵守所有的规则，违反一条就会被**淘汰出局**，请大家一定要注意。

“第七，在考核的有效时间内，完成考核题目

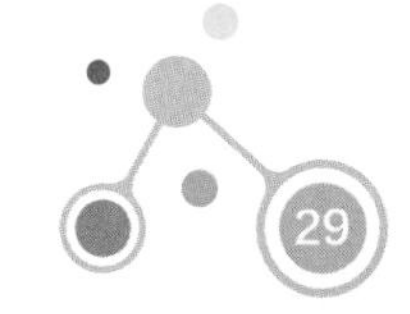

用时最短的小组就是第一名。也就是说，在本期夏令营的两个考核时间段内会出现两个第一名。那么，这两个第一名将以‘破案’时间长短来判定出最终的胜出者。众所周知，本期夏令营的第一名，就可能是明年代表我们H市出战全国科学探索大赛的小组。所以，请同学们认真对待。

“以上就是本次考核要注意的主要内容，同学们还有什么不清楚的，可以私下来问我。现在大家可以自由结组，结好组的同学，来找我登记。”

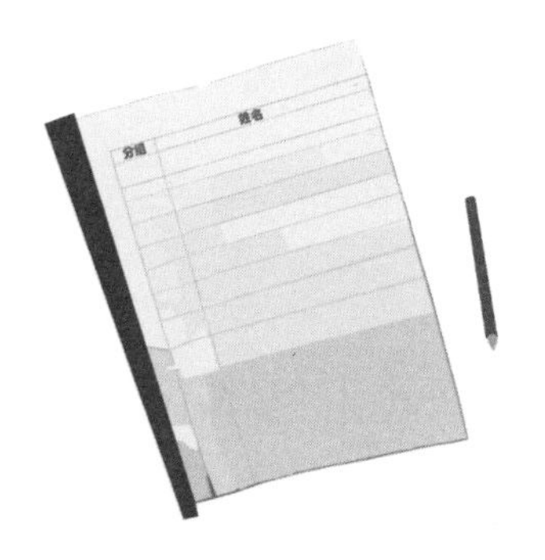

老师的话音刚落，同学们就开始组队了。

“正义姐，你说这次的考核是不是给我们三个量身定做的呀？这也太符合咱少年侦探团的气质

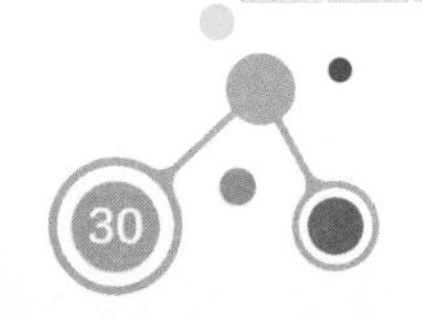

了。”尤勇齐说。

“确实啊！不过勇哥，这次你可不能拖后腿。”申筝奕说。

“嘿嘿，不能不能。我一定全力以赴！”尤勇齐做了一个加油的动作。

“哎？化学家呢？”尤勇齐东看西看，也没看到路建平，“他不会被别人拐走了吧？咱快去找找，他可是咱得第一的法宝啊！”尤勇齐拉着申筝奕喊道：“化学家，化学家，你在哪儿？”他们走到楼道，只见方初、侯同正在和路建平说话。

“路建平是我们的！”尤勇齐和申筝奕一齐说道。

“你们这是干吗？”路建平微微皱了皱眉头问道。

“化学家，我们是怕你走丢了。哈哈……”尤勇齐干笑着。见路建平没说话，他接着说：“是这样！咱们三个不是一起来的夏令营嘛，刚才老师说让结组，我们怎么也找不到你，所以有点儿着急。”

“你着什么急？这么个大活人怎么可能丢了呢？还非要拉着我出来找人，你可真是的！”见到路建平的反应后，申筝奕觉得有点儿丢脸，于是只好借数落尤勇齐来掩饰尴尬。

侯同看见他们两人半真半假的表演，觉得非常有趣。他凑上来说：“你们是害怕我们把路建平抢走组队吧。”

侯同说得没错，可是这话也不能当着他的面儿说。路建平要是知道他们两个人这么不信任他，那还不当场绝交呀！想到这儿，尤勇齐赶紧说：“怎么可能呢！我们三个可是少年侦探团，联手破了几起‘大案要案’。那可是一起经历过大风大浪的，这个小小的考核怎么可能把我们三个分开？”

“你们不用担心。我和侯同已经找到人组队了，刚才只是在和建平讨论可能会出的题目而已。”方初看着两个人语无伦次的样子，觉得很好笑。

“哎，你们说找到人组队了，是和谁呀？”尤

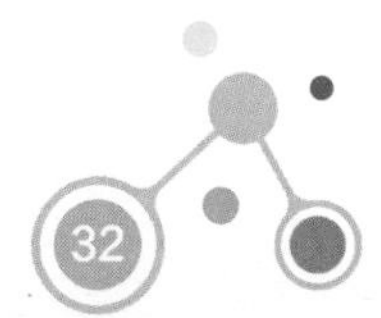

勇齐赶紧换了个话题问道。

“就是那天同我们站在一个队里的王畅。”侯同说。

“你们为什么找她呢？”申筝奕有些好奇地问。

“你还记得那天站队她说了什么吗？”方初问。

“记得呀。她说，最不可能的就是最有可能的。”

“正是！我和方初认为她有**不同寻常**的**逻辑思维**，所以邀请她入队。”侯同说。

“哦！原来是这样啊！”申筝奕**恍然大悟**。

几人找李响老师登记完，准备好好休息一夜，养足精神明天大干一场。

转眼就到了第二天下午。三班和四班的同学们都在操场上集合抽签。

“勇哥你去抽吧。你可是我们的‘**小福星**’呀。”路建平说。

“嘿嘿，行，那我去抽。”尤勇齐咧嘴笑着，一路小跑地去排队抽签了。

“抽完签的同学请注意！一定要对自己小组抽到的题目严格保密，以免**犯规出局**！”李老师用广播提示道，“另外，每个小组请再派出一位成员到包老师这里领取耳机。接下来，我再宣读一次考核规则，请大家注意听！第一条：为保证本次考核的公平性和公正性，我们请来了科学中心的老师，对大家的‘破案’过程进行全程**监督**。请大家在‘破案’时，不用过于关注他们，只专注于自己的‘案件’即可。第二条：根据小组所抽取的题目，我们为大家设置了‘案发现场’，请大家注意‘保护现场’。第三条：请各小组……”

“现在提醒大家，请所有参加考核的同学调试好耳机，确保你的耳机能听到老师说话。这次考核，我们除了有老师全程监督外，还配备了无人机、定位器等高科技装置，以确保考核过程的公平与公正。也就是说从现在开始，你们的**一言一行**，老师都可以听得到、看得到。请大家一定注意，千万别违

反考核规则！”

路建平领完耳机回来后和申筝奕一边调试耳机，一边注意听着老师的讲话。这时尤勇齐**满头大汗**地拿着“案件袋”跑了回来。路建平给了他一副耳机并示意他听完考核规则再说。

“以上就是本次考核的规则和注意事项。在音乐声响起后，考核正式开始并进入倒计时。”李老师的话音刚落，音乐声**随即响起**。所有小组避开旁人拆开了“案件袋”。

路建平拆开“案件袋”后，从中取出了题目，只见题目上写着：

化学实验室中丢失了一种有毒化学品，具有强

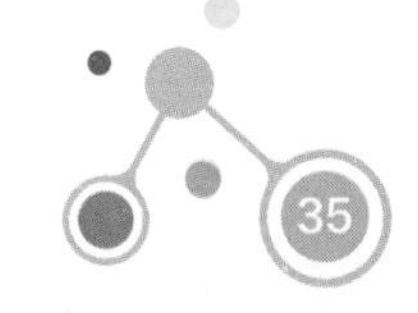

腐蚀性。自从失窃后，“犯罪分子”还没有使用过该药品。你的任务是确认“犯罪分子”的身份，找回丢失的化学品并弄清其为何种物质。犯罪现场：思明楼一楼实验室。

小提示：

1. 此题目只有一份，如若丢失就不能证明你是否完成了本次考核任务，请妥善保管。

2. 为了此次考核的人身安全着想，实验室中大部分的化学品已经被取出。

3. 进入实验室时，请到监督老师处领取口罩和防护手套。

三人看完题目之后，路建平直接将题目装进了自己的运动裤口袋里并拉上拉链。尤勇齐接过空的“案件袋”，折叠一下也装进了自己的裤子口袋。他本来就胖，此时裤子又被“案件袋”撑着，显得更胖了。

三人正要向“犯罪现场”出发，尤勇齐忽然捂着肚子说：“哎哟！哎哟！肚子疼！我先上个厕所，

你们等我一下，我很快回来！”说着他一溜烟地向公厕跑去！

“勇哥真是关键时刻掉链子！要不咱们别等他了，先走？”申筝奕略带不满地说。

“人有三急！咱们等他一下吧，不差这点儿时间。”路建平说。

“这勇哥可真是的！”

过了一会儿尤勇齐回来了。三人赶紧跑到实验室门口，只见实验室的门敞开着，门边站了一位表情严肃的男老师，他正是本次考核的监督老师。三人礼貌地同他打了招呼，接过老师递过来的口罩和手套，佩戴好后便进入了实验室。

实验室面积很大，前后两个门，中间的两排实验台上摆放着各种仪器。靠近后门的墙上，有三个架子，架子上摆着各种瓶瓶罐罐。

“化学家，你看这是什么东西？它是做什么的？”尤勇齐手上拿着一个没有把手的杯子问道。

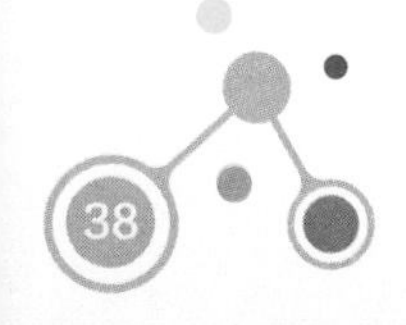

“这是烧杯，一种常见的实验室玻璃器皿，可用来配制溶液，在常温或加热时使用。”

普及完知识，三个人又忙活起来。

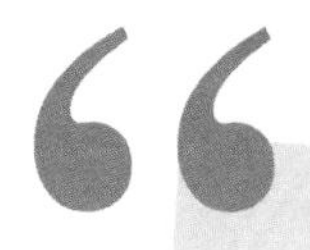

化学实验室常用的仪器

实验仪器是进行化学实验的重要工具，那么最常用的仪器都有哪些呢？下面为大家简要介绍几种。根据仪器的主要用途的不同，可将常见化学实验仪器分为计量类、反应类、容器类、分离类、加热类等。中学化学常见实验仪器有量筒、温度计、托盘天平、试管、烧杯、蒸馏烧瓶、锥形瓶、启普发生器等。

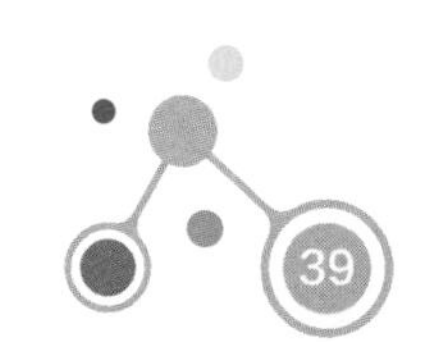

4 嫌疑人出现

“我们先商量一下，要破这个案子咱们得‘谋定而后动’。”路建平叫住刚要去找线索的两人。

“你们觉得破这个‘案’，咱们应该先做什么后做什么呢？”路建平问。

“这还用问，肯定是先抓住‘盗窃者’呀！”申筝奕说。

“一般偷盗东西的人会从哪里进入，又从哪里逃走呢？”路建平接着问。

“如果他有钥匙能开锁，那肯定是走门。要么

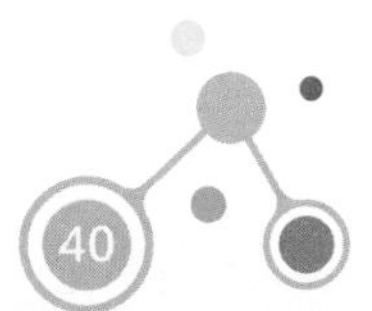

就是跳窗户，从窗户进入，偷完东西再从窗户出去。”申筝奕分析道。

“那我们就先从大门和窗外查起。”申筝奕说完，三人点点头立刻分别行动起来。

这间化学实验室共有两扇窗户，窗外并没有安装防护网。此时，两侧的窗户各有一边敞开着，只关着纱窗。

申筝奕从上到下，一点点地检查着“罪犯”可能留下的线索。第一扇窗户和纱窗没有被破坏，地面、窗台上也没有留下其他可疑的痕迹，显然“罪犯”不是从这里进来的。她又绕过实验台走到与后门相对的窗边。这边的纱窗似乎没怎么关严实，一只小飞虫顺着缝隙飞了进来。此时太阳微微偏西，日光透过玻璃射到了窗台上。窗台上竟然显现出了大半枚脚印。

“勇哥、化学家，快过来，有发现。”申筝奕叫住两人。

他们迅速从前门走了过来。

“你们看！这里有大半枚脚印。”申筝奕指着窗台上的印迹说。

“真是脚印！”路建平说。

“我怎么没看到？”尤勇齐说着，还要拿手去摸。

“别动！”路建平和申筝奕紧张地喊着。

尤勇齐被吓了一大跳，手僵在半空中。

“你看不到吗？”路建平问。

“是呀，我确实没看到哪里有脚印。”尤勇齐把手放下来。

路建平走到尤勇齐的位置去看那枚脚印。果然，脚印不见了！

路建平又走回到刚才自己站的位置，脚印又出现了。

申筝奕和尤勇齐像路建平一样分别调换了位置，试了一下说道：“这也太神奇了！会自动消失和出现的脚印。”

“其实这是光线的问题。你们看，这窗台是大

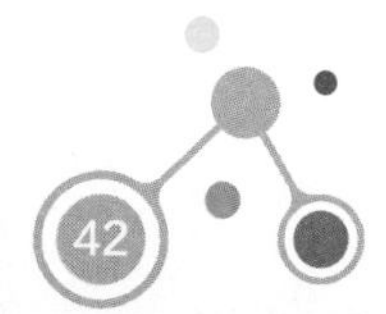

理石的，脚印的痕迹又没有那么明显。刚才勇哥站在窗台反射出的光线最强烈的方向，所以他那个位置不是看不到而是看不清脚印。相反，我站的这个位置没有直接对着窗台反射出来的光线，就能清晰地看到脚印了。”路建平向两人解释完继续说，“咱们得把这枚脚印取下来，才能对照脚印找到‘嫌疑人’。”

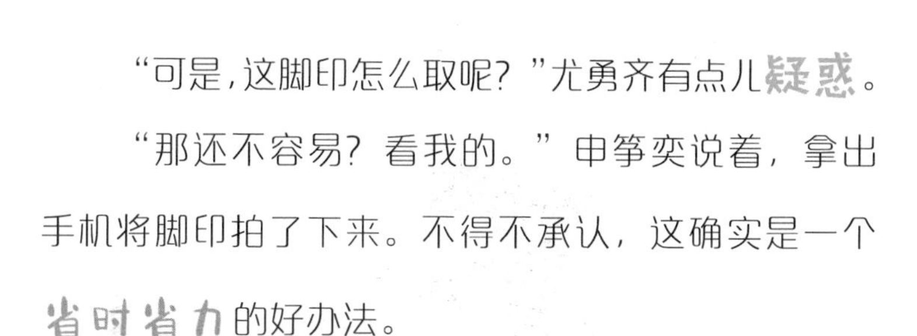

“可是，这脚印怎么取呢？”尤勇齐有点儿疑惑。

“那还不容易？看我的。”申筝奕说着，拿出手机将脚印拍了下来。不得不承认，这确实是一个省时省力的好办法。

线索是找到了，可是凭一枚脚印怎么确定“嫌

疑人”呢？三人不由得冥思苦想起来。

“这么大的脚印，你们觉得应该是男生还是女生的？”申筝奕提问道。

“我觉得像是男生的，你说呢化学家？”尤勇齐用肩膀撞了一下路建平。

“看这脚印的宽度，确实不太像是女生的。这宽度和你的脚大小应该差不多。”路建平说。尤勇齐一下子把他脚上的运动鞋脱了下来，放在脚印上方比量了一下：“还真是！这宽度，这大小，是我这43码才有的脚。”

“快把鞋穿上吧，臭死了！”申筝奕强忍着尤勇齐鞋里飘来的臭味儿说，“那我们就锁定穿42~44码鞋子的男生吧。”

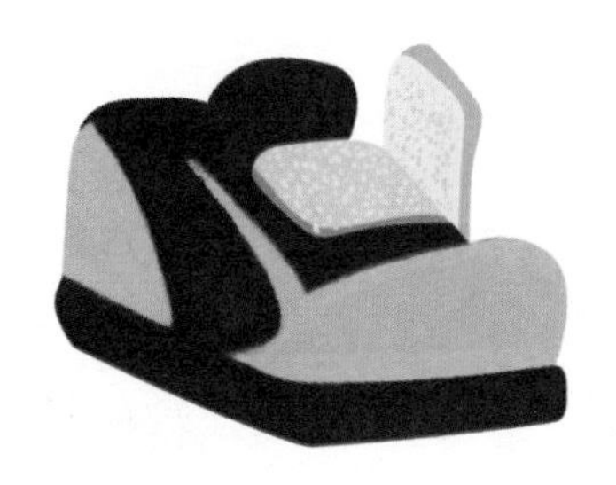

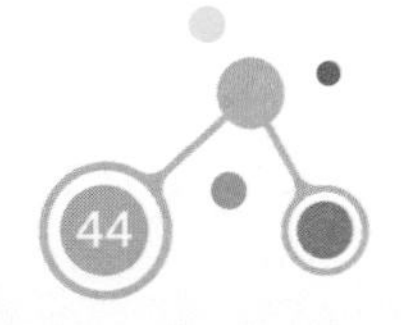

“一般穿这个码数的男生，身高至少在175厘米以上，这样我们的目标人群范围就缩小了很多。”路建平说。

“那咱们怎么行动？”尤勇齐明显有些兴奋了。

“我们班一共有十四位男生，咱们宿舍的两位明显都不够格。其他宿舍身高175厘米以上的，就只有……”尤勇齐掰着手指数了数后说，“只有七个人。”

“我们的耳机只能听见李老师说话，却不能和他对讲。那么现在只有去找李老师，请李老师用主对讲机帮忙确定这七个人的位置了。三班的人咱们不熟，正义姐，你去找他们班主任问问。别忘了把照片发到我们三个的联系群里，这样大家可以对照鞋底的花纹进行查验。我和勇哥查完后去三班找你会合。”路建平又叮嘱道。

“好，没问题。”申筝奕说。

李老师通过主对讲机找到了七人的位置。路、

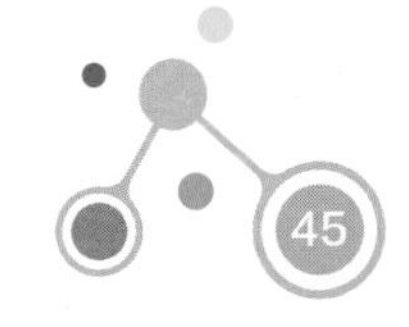

尤两人得知消息后，便分头前往查验。

路建平找到的第一个人鞋底花纹不对，第二位同学穿的根本是双布鞋。接着，第三个、第四个也全部被排除了。尤勇齐那边也将剩余的三人排除掉了。看来，“嫌疑人”在三班！

路建平同尤勇齐碰头后，随即联系了申筝奕。她已经通过三班老师确定了三班有五个超过 175 厘米的“嫌疑人”，也知道了他们所处的位置。就在尤勇齐和路建平去往三班的路上，两人也接受了其他组员的“调查”。尤勇齐因为被“调查员”询问的时间有点儿长，耽误了与申筝奕会合的时间，心里很着急。

待“调查员”走后，两人飞奔到三班。因为路、尤二人迟迟未来，申筝奕便将五人的名字和位置发在群里，并向他们分配了三班的调查对象。三人马不停蹄地开始新一波的调查，却仍然是无功而返。

“怎么回事儿呢？难道咱们的推测不对？”申

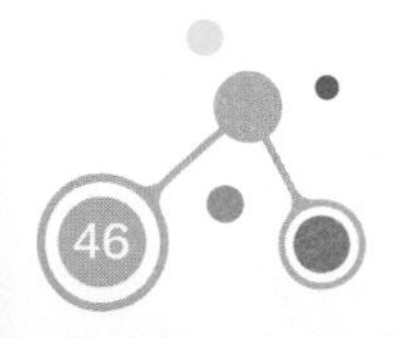

筝奕百思不得其解地说。

“是啊。化学家，这回咱们怕是真要栽跟头了。”尤勇齐有些丧气。

“咱们再回实验室看看，也许漏掉了什么有用的线索。”路建平说。

三人重新回到实验室，来到了有脚印的窗台边。这时已经没有强烈的阳光了，脚印清晰可见。

“你们看，窗台上有彩色的沙粒！”申筝奕说。

两人凑近一看，果然在脚印周边散落了些稀稀拉拉的沙粒。这是之前他们在强烈的阳光照射下没有发现的。

“这是什么沙子？怎么还是彩色的？”尤勇齐问。

申筝奕用食指沾了几粒沙，看了看，又用大拇指搓了搓说：“这是太空沙呀！我小时候经常玩儿，对这个太熟悉了。你们小时候没玩儿过吗？”

两人摇了摇头，说：“还真没玩儿过这东西。”

“这和普通的沙子有什么区别？”尤勇齐问。

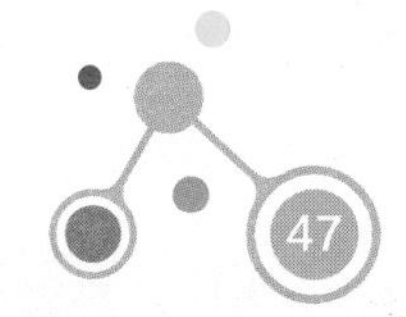

“普通沙子的主要成分是二氧化硅。像这个，”路建平指了指窗户玻璃说，“其主要成分也是二氧化硅。”

“它们成分相同，可是形态为什么不一样呢？沙子能制成玻璃？”尤勇齐问。

“化学中有很多成分相同，但形态不同的物质。的确，制造玻璃的主要原料就是二氧化硅，但并不只有二氧化硅。除了主要原料之外，还要添加很多辅料；除了添加辅料之外，还必须去除杂质。这是个费时费力又费钱的过程，所以人们大多不会用沙子制造玻璃。”

“那刚才正义姐说的太空沙又是啥东西呀？”尤勇齐接着问。

“别管太空沙是什么材质的了，它的手感和普通沙子不一样，我一摸就知道了。咱们当务之急是找出谁身上有太空沙！”面对申筝奕的抢白，尤勇齐也觉得自己不应该在这个时候因为过度好奇而影

响“破案”进度。

“可刚才的‘嫌疑人’们，不但鞋底的花纹不对，也没发现谁的鞋子上沾有彩色沙子呀？”尤勇齐说。

“是的，我也没发现！”路建平说。

“那就奇怪了。”申筝奕托着下巴思索。

“不在鞋上，会不会是沾在身上的？”路建平说。

“身上？身上！”申筝奕忽然**跳了起来**，“我知道了，嫌疑人就是她！”

谜题

1 彩色沙子为大家提供了另一个破案线索。谁是被申筝奕怀疑的人呢？

2 有了重大发现的他们，这次能否顺利破案？

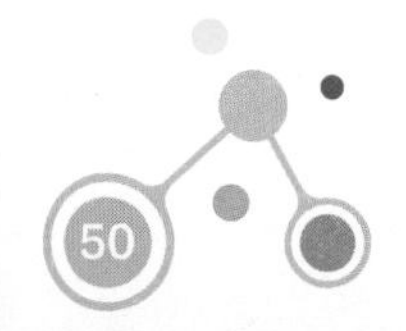

再解疑团 5

两人见申筝奕二话不说就往外跑，赶紧跟在后头追了过去。申筝奕不愧是**长跑健将**，两条大长腿跑得飞快。路建平因为有晨跑的习惯还能跟得上，可尤勇齐跟着就有些费劲了。虽然他是少年侦探团的“武力担当”，但是跑步这事儿他确实不擅长。没跑多久，他就已经**大汗淋漓**了。

“我先喘口气儿！你们到了汇报位置，我马上……就到！”尤勇齐喘着气说。

“好！”两人留下一个字就继续向前跑去。

李老师正在夏令营的监控指挥室观察学生们的

情况，见两人气喘吁吁地跑过来，急忙起身来到了门口。

“你们需要什么帮助？”李老师问。

“李老师，我想知道清洁工爷爷在哪里。”申筝奕说。

“好。你们先在这里等我一下，我用监控或手持电台找他。”李老师说着转身进了指挥室。指挥室是不允许参加考核的学生进去的，所以两人乖乖地在门外边等。

这时，路建平问申筝奕：“你这么急着找清洁工爷爷是因为他身上有线索吗？”

“是的。就在刚才咱们三个分头去寻找‘嫌疑人’的时候……”申筝奕回忆着。

原来，他们三人在实验室的窗台上发现脚印后，申筝奕受命去查三班的“嫌疑人”。她从三班老师处得知了“嫌疑人”的信息。由于一直没有等到路建平和尤勇齐，她决定自己先去调查。就在寻找第三个“嫌

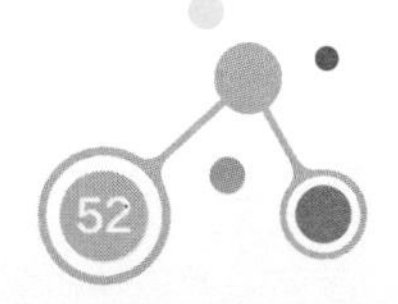

疑人”的路上，由于太着急，她在拐弯的时候与一个人撞到了一起。

“哎哟！”两人同时坐在了地上。

申筝奕赶紧爬起来，伸手去扶对方。原来与她相撞的是一位身着三班班服的胖胖的女生。

“哎哟，囡囡和这位同学，你们俩没事儿吧？”一位清洁工爷爷走过来问。

“爷爷，我没事儿。”叫“囡囡”的同学一边说着，一边在申筝奕的搀扶下笨拙地爬起来。就在这时，申筝奕不经意看到有一些彩色的沙粒从女孩的上衣口袋里掉到了地上。扶起女孩后，申筝奕发现囡囡比 167 厘米的自己高出了一大截。如果不是因为扎着马尾辫，从背影看简直是另外一个尤勇齐。

“囡囡，你真的没事儿吗？”清洁工爷爷还是有点儿不放心地问女孩。

女孩说：“爷爷，我真没事儿！别担心我了，您快去工作吧。”

“好好，你没事儿我就放心了。我得赶紧把这些裂了的体温计扔到垃圾桶里。”

“体温计不能扔垃圾桶！”申筝奕和女孩异口同声地喊着。

“哦？为什么体温计不能扔进垃圾桶呢？”清洁工爷爷有些诧异地问道。

“爷爷，体温计里面的水银是有毒的，所以碎裂的体温计不能扔进垃圾桶。”囡囡说。

“水银是有毒的，这我倒是听说过。”清洁工爷爷说，“不过大家又不会把体温计里的水银吃掉，扔垃圾桶里有什么问题呢？”

“这……”囡囡挠着头一时答不上来。

“爷爷，水银的学名叫做**汞**，它在常温下就会挥发成**汞蒸气**。而吸入汞蒸气，会影响人体的中枢神经系统，从而产生中毒的风险。”申筝奕回答说。

“噢，这么吓人呀。那么这些碎裂的体温计该

怎么处理呢？”清洁工爷爷问。

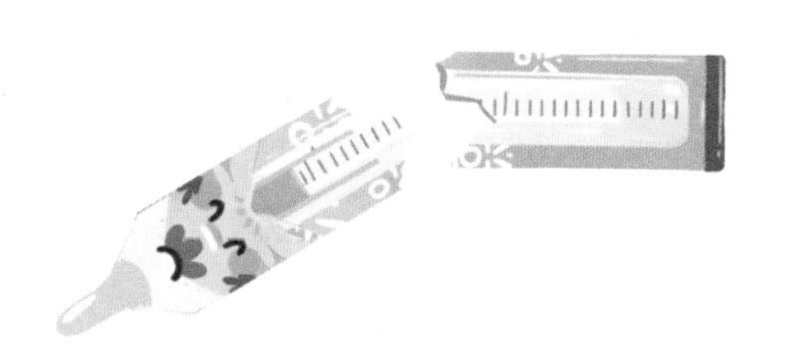

“我在一本科学杂志上看到过，如果体温计碎了，要先戴好手套、口罩，用塑料胶带把水银球粘起来，放进密闭容器，避免水银**挥发**到空气中，再把收集起来的水银送到环保部门进行相应的处理就可以了。”申筝奕答道。

“哦哦！我知道了。囡囡，你应该向这位同学好好学习，不要‘知其然而不知其所以然’啊！”清洁工爷爷对着囡囡说。

“我知道了爷爷，你又**教训**我，小心我回家向奶奶告状。”囡囡撒娇说。

申筝奕问囡囡：“你跑这么急，是不是也在‘查案’？”

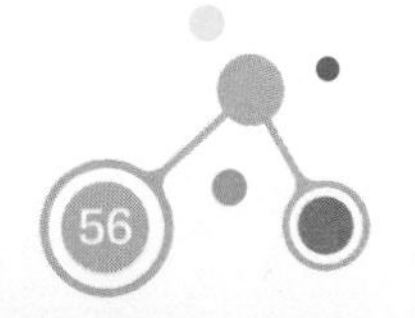

“对啊，我是要去……糟了！这时间耽误得太久了，我得赶紧去！”囡囡的话还没说完，转身跑掉了。

“所以，你怀疑那个囡囡就是‘嫌疑人’？”路建平问。

“对呀！咱们之前只是想到了男生穿的鞋子大，却**忽略**了女生也有可能会穿大码的鞋子呀！可是，我只知道被我撞倒的女孩叫‘囡囡’，并不知道她的大名是什么。所以只有先找到清洁工爷爷，再找到囡囡，‘案情’也许就会**真相大白**了。”

“路建平、申筝奕，清洁工李爷爷在花坛那里。”李老师说。

“谢谢李老师，我们先走了。”

两人一路飞奔来到了花坛，只见李爷爷收拾完花坛后正坐在梧桐树下休息。

“李爷爷，您还记得我吗？”申筝奕问道。

“当然记得，你不是刚刚和囡囡撞在一起的女

孩吗？”李爷爷说。

“是我，李爷爷。我想问一下囡囡的大名叫什么？我们找她有点儿事。”

“她叫李萌萌，在三班。”李爷爷说。

“谢谢李爷爷，我们马上去找她。再见！”两人告别了李爷爷，马上找三班老师确定了李萌萌的位置。

李萌萌刚“调查”完另一个同学。此时，她正和她的小组成员一起在思明楼的101教室里讨论“案情”。

“勇哥，速来思明楼101教室。”路建平给尤勇齐发了条信息。

申筝奕把李萌萌叫出来后**简要**地说：“萌萌，我们想看一下你的鞋底。”

李萌萌二话不说把鞋底亮给了他们。第一条，鞋底花纹吻合。

“我还想看看你口袋里装的沙子可以吗？”申筝奕接着说。

“行，随便看！”李萌萌豪气地说。

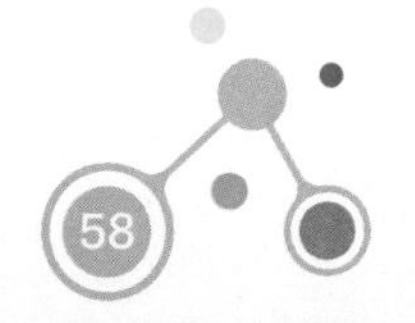

“谢谢你的配合。”申筝奕说着，把手伸进李萌萌的口袋，再拿出来时手上果然沾满了彩色的沙子，正是之前申筝奕说的太空沙。第二条，彩色的太空沙吻合。

“李萌萌，我想知道你有没有去过化学实验室。”路建平问。

“去过呀，我还上了窗台呢！”第三条，去过实验室，吻合。第四条，上过窗台，吻合。李萌萌的回答，让他们两人心里猛然一惊！这案子就这么破了？

“那她就是盗取化学品的‘嫌疑犯’哪！这位同学，你把化学品放哪儿了？赶快给我们吧！我都快累死了！”刚进门的尤勇齐正好听到李萌萌说这句话。

“什么化学品？我可不知道。”李萌萌说。

“你怎么会不知道呢？”尤勇齐问。

“我确实不知道。咱们的考核规则不是说了，

面对‘调查’一定要说实话。我可不敢违背规则呀。”

“那你去实验室，为什么要上窗台呢？”

“我去实验室‘调查’案件呀。上窗台是因为纱窗没有关好，一只幼鸟卡在了纱窗上，我救下它后就从窗口把它放了出去。”

“唉！线索又断了！”尤勇齐的哀号声在教室里不断地回荡。

谜题

3 少年侦探团的查案陷入了僵局。你觉得谁才可能是真正的“盗窃者”？

4 他们再次找的线索会在哪里？

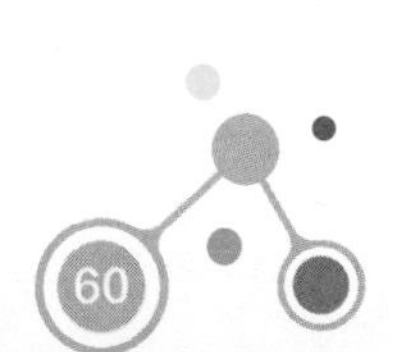

另一条线索 6

“化学家，这考核也太难了吧！”尤勇齐垂头丧气地说。

此时备受打击的三个人都有些消沉。

“为全国科学探索大赛选拔选手，怎么可能不难呢？”申筝奕说。

“没错。我们把这次失误当教训，我相信咱们一定能找到真正的线索！”路建平说着伸出了手，另外两只手立刻默契地覆盖上来，“加油！加油！加油！少年侦探团必胜！必胜！必胜！”三人互相鼓励着，再次斗志昂扬地去实验室找线索。

“咱们这次一定要仔细检查，不能再盲目地下结论了。”路建平说道。

“好！”

三人又回到实验室，准备对实验室进行“海陆空”全方位的侦查。尤勇齐负责查看地面有无异常，申筝奕负责查看两个实验台，路建平则负责查看架子上的化学品。实验室墙上的时钟不紧不慢地走着，而少年侦探团的三个人此时却是心急如焚——距离考核结束只剩下 1 小时 25 分钟了。他们一寸一寸地查看，不放过任何一个可疑的地方，却依然一无所获。

“化学家，你那里有什么线索吗？”申筝奕说，“我已经查看了三遍实验台，但是没有一丝让人起疑的地方。”尤勇齐也附和着说没查到什么线索。

“我在查最后一个架子。你们先别急，再查一遍。”路建平说。

时间一分一秒地过去，大家开始有些焦急。

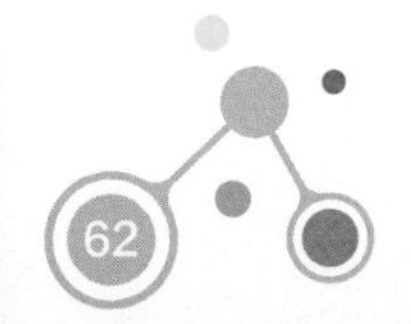

“勇哥，你们快来看！”

听到路建平的喊声，他们立刻跑到路建平身边。

“你们看这里，”路建平指着最后一个架子的第二层上两个半透明塑料瓶的中间说，“这里原本应该有一个装化学品的瓶子。”两人看向路建平指的位置，只见左边的瓶子上标着“氢氧化钾”，右边的瓶子上标着“氢氧化钙”。两个瓶子中间确实还有一个瓶子那么大的空隙。

“说不定是被收走了呀！毕竟提示上说，有些化学品被收走了。”尤勇齐说。

“可是你们看所有架子上摆放的瓶子，都是整整齐齐的，并没有缺瓶子的情况。”

申筝奕和尤勇齐一看，果然如路建平所说，只

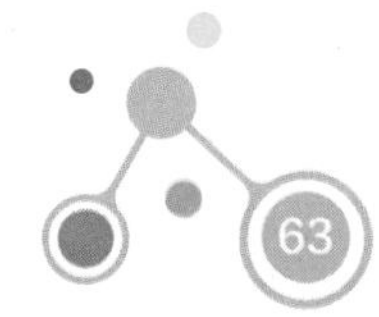

少了这一个瓶子。

“也许这就是老师留给我们的重要线索？”申筝奕**若有所思**地说。

“不可能吧！”尤勇齐怀疑地说，“老师能这么‘贴心’地给咱们留下如此明显的线索？”

“这还明显吗？你忘了刚才我们是怎么**兜圈子**的了？”申筝奕白了尤勇齐一眼，又问路建平，“化学家，你怎么看？”

“我也觉得这就是关键线索。你们看这三排架子，最左侧全是碱性物质，比如我们刚刚看到的氢氧化钾和氢氧化钙，中间全是酸性物质，最右侧全是金属。所以，这些化学品的摆放是有规则的。”路建平边说边指给两人看。

“那是不是所有带‘氢氧’二字的都是碱性物质呢？”尤勇齐好奇地问。

“并不是所有带氢氧根的都是碱性物质。”

“氢氧根又是什么？”勇哥追问。

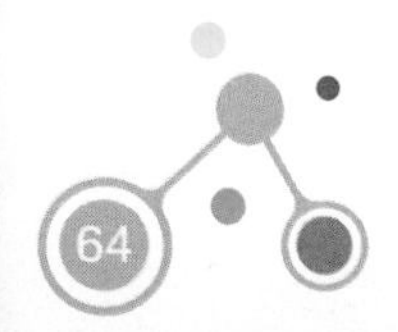

“氢氧根是一种离子。同我们原来知道的**分子**、**原子**一样，**离子**也是构成物质的基本粒子。”路建平认真地回答道。

“勇哥你别捣乱。”申筝奕制止了尤勇齐的继续发问，“所以，我们根据丢失瓶子的位置推断，丢失的是一瓶碱性化学品。”申筝奕习惯性地托着腮说道。

“我认为是这样的。”路建平肯定地说。

“可是化学家，我还有一个问题。”尤勇齐问道，“你说这种丢失的强腐蚀性的物质，能不能腐蚀玻璃？”

“大多数的碱和极少数的酸会腐蚀玻璃。你看，”路建平用手指了指放酸性化学品的架子说，“这些装酸性化学品的瓶子几乎都是玻璃瓶，装碱性化学品的几乎都是塑料瓶。因为用玻璃瓶装碱性物质，发生反应后瓶身和盖子容易粘在一起。”

“原来是这样啊！”尤勇齐一副茅塞顿开的

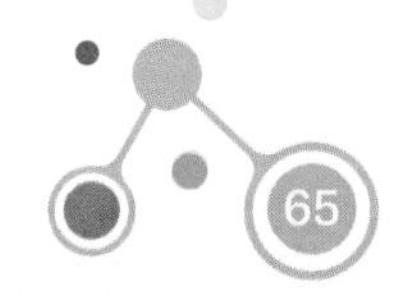

样子。

“那我们接下来要怎么追查这个塑料瓶子呢？”三人一下子陷入了沉思。是啊，去哪里找这个塑料瓶子呢？

“这个瓶子那么小，又那么普通，随便往兜里一放。咱也找不到呀！”尤勇齐说。

“这可是具有危险性的物质，怎么可能随便往兜里放呢？里面的东西漏出来，那人可就惨了！”申筝奕说。

“不能随身带，肯定放在宿舍或是教室了！毕竟那是咱们主要的活动区域，别的地方咱们也进不去呀。”尤勇齐觉得自己的这个猜测肯定没错，“化学家，你说是不是？”

“勇哥说得没错，它很有可能在宿舍或教室。毕竟这只是一次考核，营长肯定不会把它藏得过于隐秘。”路建平点点头接着说。

“所以接下来我们要查的，就是宿舍或教室中

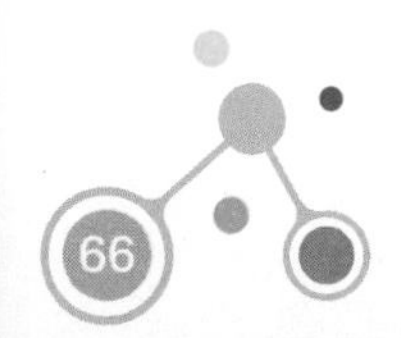

有没有半透明的塑料瓶。”

“三班和四班一共是10间宿舍，女生占了4间，你们男生占了6间。”申筝奕说。

“咱们还是分头行动。正义姐辛苦你去查女生宿舍，我和勇哥去查男生宿舍以及三班和四班教室。”路建平说，“有消息随时电话联系，出发！”号令发出后，三人连忙奔赴各自的“战场”。

申筝奕先回到自己的宿舍查看。只见桌子上摆着各种护肤品，还有一些小零食，并没有与目标瓶类似的塑料瓶。接着她又仔细地检查了桌子的抽屉、地面等地方，均没有什么发现。

之后，她向第二间宿舍走去。本来，她心里还直犯嘀咕，自己私自进入别人宿舍是一件很不礼貌的事，也担心万一真的丢了东西自己说不清楚。但想起有监督老师和高科技设备，她心里就坦然了。然而，令人感到挫败的是，她连续查了两个宿舍却依然一无所获。申筝奕拿出手机看了看，少年侦探

204

团的三人小群里没有什么动静。这说明路建平他们也没有找到这个小瓶子。

“只有最后一间宿舍了，希望能有所发现。”申筝奕在心里**暗暗祈祷**。

谜题

5 “作案者”又会将“赃物”藏在哪里呢？

6 塑料瓶里装的到底是什么？

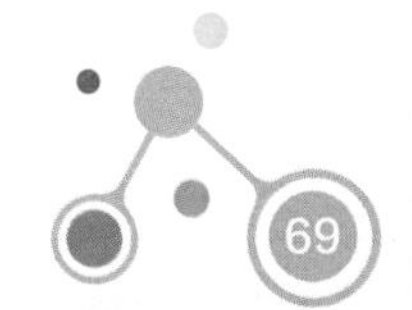

原来是他 7

申筝奕此时的心情非常矛盾。剩下的最后一间宿舍，一方面让她看到了胜利的曙光；另一方面，她又害怕像之前那样，**竹篮打水一场空**。申筝奕怀着这样的心情敲响了最后一间宿舍的门。

“请进。”宿舍里传来一个女生的声音。

申筝奕走进宿舍，看到屋里靠窗那张床的下铺有一位女孩正躺着休息。

“你好！我是申筝奕，205 宿舍的，想来你们宿舍查找一下线索。”

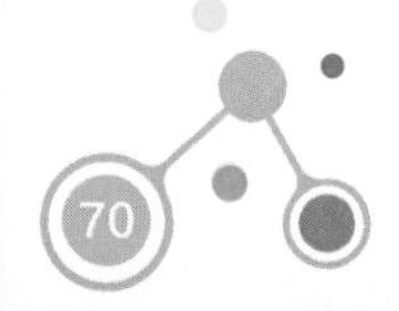

“行，你自己查吧。我有点儿不舒服，今天没参加考核。”女孩明显知道考核规则，并没有多问。

“谢谢你！”申筝奕说着走向桌子。她的目光扫过桌子上的每一件物品：一盒没有吃完的午饭、一个保温杯、小镜子……小塑料瓶！在看到塑料瓶的那一刻，她的心简直快要跳出来了。她快速地拿起塑料瓶看了一下，结果却让她很失望，这只是一个写着“消炎胶囊”的小药瓶。她将小药瓶放回原处，又继续查找着。结果依然令她**大失所望**！

这时，申筝奕的手机忽然振动了一下。她打开手机发现是路建平发的消息：速到思明楼前会合。

申筝奕同女孩告了别并把宿舍门关好后，便向思明楼跑去。她边跑边抬起手臂看了看手表的时间，已经是下午的 4：05 了，还有 55 分钟考核就要结束了。此时的她**焦急万分**，在心中不断地**祈祷**，希望路建平他们能有所收获。

路建平和尤勇齐见到飞奔而来的申筝奕，赶忙

递上了一瓶矿泉水。这是两人在等申筝奕的时候，恰巧碰到的李爷爷拿给他们喝的。

申筝奕一口气喝了大半瓶水，问道："你们查得怎么样？我这边完全没有发现。"

"我们也没发现！"尤勇齐说。

"不过，我们还有两个地方没查。"路建平说，"当时咱们只想到了化学品可能藏在宿舍和教室，可是我们都忘了还有老师办公室啊，化学品更有可能藏在那里，对不对？你们还记不记得当时抽签的时候老师怎么说的？"

"记得呀，当时老师说'谁都有可能是嫌疑人'。"申筝奕说。

"对呀！按理说这么危险的化学品，老师怎么可能让学生拿着**到处乱走**、乱放呢？所以这化学品一定是在老师的办公室里，而且就是在三班老师和咱们班李老师的办公室里才对。"尤勇齐用手捋了一下头发说。

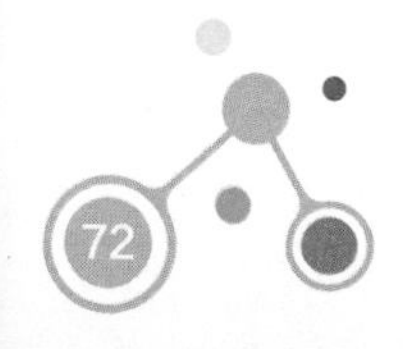

三人相互对视了一下，彼此心照不宣地朝着李老师的办公室跑去。李老师的办公室就在思明楼的三楼。三人来到李老师办公室门前，发现门虚掩着。路建平敲了敲门，里头一个女老师的声音传来："请进！"

路建平率先进去，两人紧随其后。"老师好！我是四班的学生。我们是来调查这次考核案件的。"

女老师听完后说："你们随便看，我会大力地配合你们。"

"谢谢老师！"三人道谢后便开始打量起这间办公室。

这是一间双人办公室，两张办公桌相对而放。女老师坐在正对着门的窗户下，另一张办公桌就是李老师的工位。三人一同走向李老师的位置。只见李老师的书桌上放着一大摞化学书籍，书籍旁边是这次训练营活动的教案。然后就是笔筒，以及摊开的未批改完的学生作业。中间是一台合起来的笔记本电脑。桌子靠右的地方，有一盆小小的文竹，生机

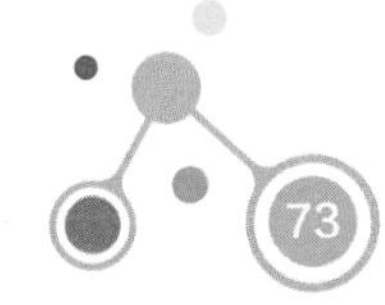

盎然、青翠可爱。他的座椅推到了办公桌的下面，椅背上则披挂着他常穿的一件衬衣。

椅子的后面，有一个大大的书柜。隔着书柜的玻璃望去，里面摆满了各类书籍和一些获奖证书、奖杯、奖章等。再往里看，在一个写着“化学之星”的奖杯旁边，一个底部装有一些物质的半透明小塑料瓶赫然出现在三人眼前。

“是它！和实验室中的小瓶子一样。终于找到了！”

三人欣喜若狂！路建平对女老师说：“老师，我们找到了丢失的化学品，现在要把它带到一楼实验室去化验可以吗？”

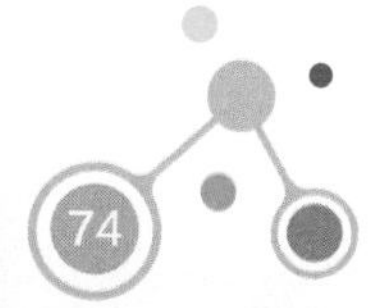

“当然可以呀！不过你们一定要小心，千万注意安全。”老师叮嘱道。

“好的，我们知道了，谢谢老师！”

实验室中，监督老师对已经做好了防护的三人说：“你们可以进行实验了。实验中要注意安全，实验结束后告诉我正确的答案就可以了。”监督老师说完并没有离去，而是站在旁边关注着他们的实验过程。

“好的，谢谢老师。”

路建平将手里一直紧紧握着的瓶子小心翼翼地放在实验台上。申筝奕这时已经将烧杯、胶头滴管、玻璃棒取了过来。

路建平从架子上取来稀硫酸溶液、酚酞溶液和蒸馏水。一切**准备就绪**，马上就要揭开谜底了！

路建平将小瓶子里的晶体往烧杯中倒了一些，又注入适量蒸馏水，用玻璃棒慢慢地搅拌。等白色晶体完全溶化后，他又用胶头滴管滴入几滴酚酞溶液。这时烧杯中的液体变成了红色。

“液体变成了红色，那说明这个物质就呈碱性吗？”申筝奕说。

“是的。”这时，路建平左手拿着玻璃棒继续搅拌，右手缓缓往里滴入稀硫酸溶液。随着稀硫酸溶液的加入，烧杯中原本红色的液体竟然褪去了颜色，还出现了一些沉淀物。

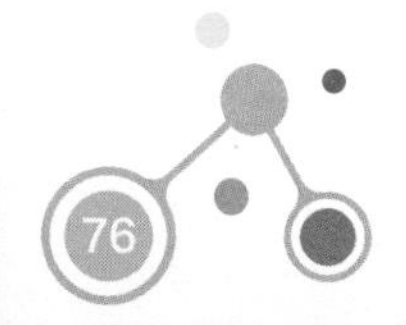

“化学家，快说说这是怎么回事儿。”尤勇齐的“好奇宝宝”模式再次上线。

“这是硫酸和碱性物质发生了中和反应。”路建平说道。

“既然已经知道咱们找到的化学品是碱性的，为什么还要做一个和硫酸反应的实验呢？”尤勇齐追问。

“我用的硫酸是强酸，酸遇到碱后，中和反应就发生了，使得红色褪去。”路建平接着说，“而且溶液中产生了沉淀，这说明这种碱性物质中含有能和硫酸产生沉淀的钡离子。它应该是氢氧化钡。”

“那我们赶紧去查看一下化学品架子吧！”尤勇齐兴奋地大声喊着。

三人来到架子前，那里有氢氧化钾、氢氧化钙和氢氧化钠。丢失的正是氢氧化钡！他们相视一笑。

路建平将考试题目交给监督老师说道：“老师，我们查到了，丢失的化学品是氢氧化钡，‘作案者’是李响老师。”老师看了看试题纸和计时器说：“少

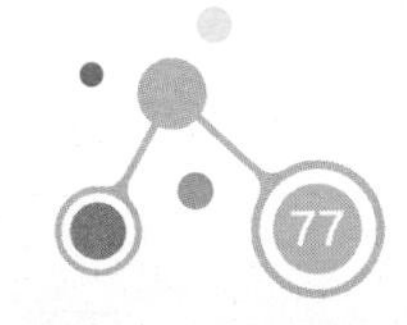

2:34

年侦探团侦破‘案件’，用时两小时三十四分。”

“耶！我们终于‘破案’了！”三人兴奋地相互击掌庆祝。

化学反应中的神奇现象

路建平在碱溶液中滴入酚酞溶液使其变成红色，再慢慢滴入酸溶液，溶液红色消退。这是因为酚酞能使碱性溶液变红，随后酸与碱发生反应，消耗了碱性物质，溶液的红色褪去。中和反应是指酸和碱相互作用生成盐和水的反应。

路建平滴入硫酸，溶液中形成了白色的沉淀物。这是因为化学反应中，某些物质相遇，就会相互反应，产生各种颜色的沉淀。例如本书中的硫酸和氢氧化钡。沉淀一般是指溶液中出现的固态物质，即难溶化合物。

这些神奇的化学现象能够帮助我们在学习和生活中鉴别某些物质。

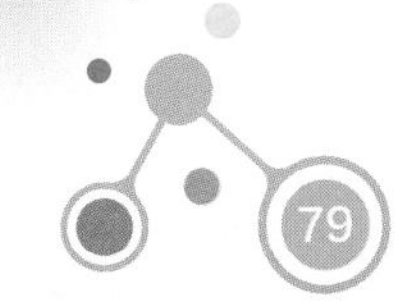

考核结束

经过紧张的角逐，少年侦探团夺得夏令营的第一名。方初、侯同和王畅这个小组合，最终以一分之差败北。不过他们仍然很高兴。

少年侦探团三人回到家后，把这次“惊心动魄”的经历说给自己的父母听。父母们都觉得孩子们经过这次夏令营的训练，真的成长了许多，也收获了许多。为此，三家父母决定，在路建平家为三个孩子举行庆功宴。

席间充满了大伙儿的欢声笑语。饭后，三家人围坐在一起欣赏孩子们的“表演”。

“爸爸妈妈们，下面请少年侦探团的尤勇齐，为大家表演他在开营式上的经典语言和动作！”申筝奕笑着把尤勇齐推到了客厅中间。

“我当时是这样喊的……”尤勇齐完美再现了他当时的“英勇风姿”。

“继续，还有当时李萌萌那条线索断了之后，你的哀号也学学。”路建平笑得躺在了沙发上。三人把家长们逗得前俯后仰。

窗内，笑语声声，其乐融融；窗外，微风习习，树影婆娑。这一切的美好才刚刚开始！

解谜时刻

① **彩色沙子为大家提供了另一个破案线索。谁是被申筝奕怀疑的人呢？**

是清洁工李爷爷的孙女囡囡。

② **有了重大发现的他们，这次能否顺利破案？**

不能，因为侦查方向有误。

③ **少年侦探团的查案陷入了僵局。你觉得谁才可能是真正的“盗窃者”？**

李响老师。

④ **他们再次找的线索会在哪里？**

实验室摆放化学品的架子上。

⑤ **“作案者”又会将“赃物”藏在哪里呢？**

在李响老师办公室的书柜里。

⑥ **塑料瓶里装的到底是什么？**

氢氧化钡。

图书在版编目（CIP）数据

化学侦探王．追踪盗窃者 / 吴殿更著．-- 长沙 ：湖南教育出版社，2023.11（2024.3 重印）
ISBN 978-7-5539-9875-6

Ⅰ．①化… Ⅱ．①吴… Ⅲ．①化学—青少年读物 Ⅳ．①06-49

中国国家版本馆 CIP 数据核字（2023）第 213335 号

化学侦探王·追踪盗窃者
HUAXUE ZHENTAN WANG·ZHUIZONG DAOQIEZHE
吴殿更　著

总 策 划：石叶文化
策划组稿：胡旺　殷哲
出版统筹：朱微　谢睨颖
封面设计：曹柏光
特约编辑：卫世敏　杨帅
责任编辑：陈敏卉　谢睨颖
责任校对：殷静宇
出版发行：湖南教育出版社（长沙市韶山北路 443 号）
网　　址：www.hneph.com
微 信 号：湖南教育出版社
电子邮箱：hnjycbs@sina.com
客服电话：0731-85486979
经　　销：全国新华书店
印　　刷：唐山富达印务有限公司
开　　本：880 mm×1230 mm　32 开
印　　张：27.50
字　　数：400 000
版　　次：2023 年 11 月第 1 版
印　　次：2024 年 3 月第 2 次印刷
书　　号：ISBN 978-7-5539-9875-6
定　　价：198 元（全 10 册）
